U0196338

图书在版编目（CIP）数据

会说话的数据 / 未来童书编著. -- 北京：人民邮电出版社，2022.7
（迪士尼前沿科学大揭秘系列）
ISBN 978-7-115-59017-6

Ⅰ. ①会… Ⅱ. ①未… Ⅲ. ①数据处理－少儿读物
Ⅳ. ①TP274-49

中国版本图书馆CIP数据核字(2022)第051369号

本书编委会

出 品 人：李 翊

监 制：黄雨欣

项目统筹：黄振鹏

项目策划：王娟娟

文字撰写：王娟娟 刘 绚

教 研：蔡键铭 陈 月 陆华敬
郑 铎 王浩岑 王一博

设 计：李德华 金 盾 陈安琪 常明涛

版权经理：苏珏慧

项目支持：才钰涵

内容提要

　　这是一套为6~12岁小读者量身打造的前沿科学大揭秘系列科普书。丛书选用迪士尼经典卡通形象及电影为载体，通过一个个电影桥段，讲解童话故事中涉及人工智能、数据分析、算法等方面前沿科学的基础知识，并用童话照进现实的方式，配合沉浸式的阅读体验，引发小读者的好奇心，揭秘新科技背后的原理。

　　本书通过6段电影桥段讲解了对比分析法、漏斗分析法、决策树分析法、平均数分析法、象限分析法和相关分析法这6种简单的数据分析方法，用看电影的方式，揭秘了这几种数据分析方法的基本概念和应用方法，让小读者体会到数据的神奇之处，达到边看故事边学知识的目的。在讲解完后，书中还给出了这些数据分析方法在日常生活中的应用，引导小读者开拓眼界并学以致用。

　　本书适合对迪士尼童话故事及前沿科学感兴趣的小读者阅读参考。

◆ 编 著 未来童书
　责任编辑 王朝辉
　责任印制 陈 犇

◆ 人民邮电出版社出版发行　　北京市丰台区成寿寺路11号
　邮编 100164　电子邮件 315@ptpress.com.cn
　网址 https://www.ptpress.com.cn
　雅迪云印（天津）科技有限公司印刷

◆ 开本：889×1194　1/16
　印张：4.5　　　　　　　　　2022年7月第1版
　字数：108千字　　　　　　　2022年7月天津第1次印刷

定价：88.00元
读者服务热线：（010）81055410　印装质量热线：（010）81055316
反盗版热线：（010）81055315
广告经营许可证：京东市监广登字20170147号

迪士尼前沿科学大揭秘系列

会说话的数据

未来童书 编著

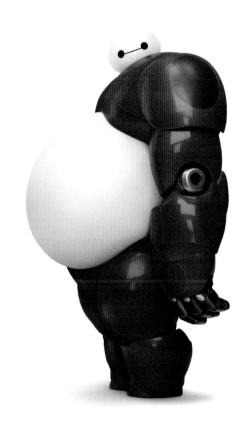

人民邮电出版社

北京

写给小读者：

迪士尼塑造的电影角色让无数的大朋友和小朋友为之着迷，《超能陆战队》里暖心的机器人大白、《无敌破坏王2：大闹互联网》里为了朋友两肋插刀的拉尔夫、《疯狂动物城》中正直善良的朱迪警官……咋！当童话照进现实，电影里遇到的问题，如果用现实中的高科技来解决，会发生怎样的大转折呢？看到机器人大白可以快速诊断小宏的健康状况，你是否想知道他是如何做到的呢？接下来，你将带着这些好奇，开启一场与前沿科学有关的奇妙之旅。

电影人物面对的烦恼，也许你在成长中也会遇到。这套书将会给你打开一个无比独特的视角来解决它们：你绝对想不到，用漏斗分析法，能让快要倒闭的厨神餐厅起死回生；用对比分析法，竟然能帮助《赛车总动员》里的闪电麦昆成为无冕之王；你更想不到，用简单的二分查找法，就能让豹警官快速找到档案；还有贪心法，拉尔夫用它就能更快买到甜蜜冲刺的方向盘，守护云妮洛普的家园……

《了不起的人工智能》《会说话的数据》《聪明的算法》不仅是对前沿科学的科普，更是一份给大家的"未来技能包"。在机器轰鸣的工业时代，我们可以通过拆解零部件了解每一个伟大的发明。如今，我们迎来了人工智能时代，发明的原理变得越来越"肉眼不可见"，宝贵的知识往往藏在海量的信息深处。在未来世界，以人工智能为代表的前沿科学，必将改变我们的生活，创造全新的万物。了解人工智能、数据分析和算法，是人们未来不可或缺的"软技能"。

希望这套书能为小读者们打开一扇通往未来世界的大门，让"未来技能包"和迪士尼童话里的真善美常伴你们左右！

——猿编程创始人

目录

14
漏斗分析法

04
对比分析法

24
决策树分析法

34
平均数分析法

44
象限分析法

54
相关分析法

电影名	赛车总动员 3
场次	1 场 1 次

对比
分析法

对比分析法是通过把两个或多个相互联系的指标数据进行比较，并进行分析的方法。对比分析的目的在于，找出数据差异后，进一步挖掘差异背后的原因，从而找到优化的方法。

那是黑风暴杰克逊。

现在，就让我们看看，在对比分析法的帮助下，黑风暴杰克逊的优异表现吧！

闪电麦昆是赛场上的常胜将军。

新一届的比赛开始了，闪电麦昆状态不错！

可就在比赛最后一圈时，一辆黑车

小黑车第一个过线！

反超了闪电麦昆，赢得了比赛！

刚入行的新手。

那是谁？

他为什么能跑得这么快？

大家都把目光投在了小黑车身上。

他总是能沿着最优路径跑完一圈。

黑风暴杰克逊使用了最先进的模拟器来训练根本不必去户外。

黑风暴杰克逊并没有那么神秘，数据能告诉你一切。

5

就这样，黑风暴在
比赛中连连获胜！

黑风暴
战胜了闪电！

黑风暴幸运
七连胜！

不可思议，黑风暴
获得了九连胜！

闪电麦昆的排名一路下跌
他经历了他职业生涯中最失败的一年。

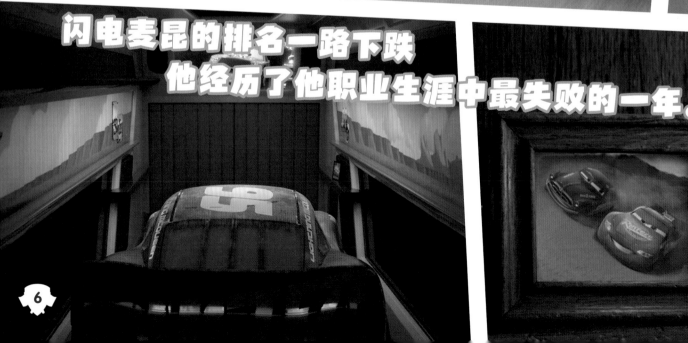

闪电麦昆想了很久很久
决定做出一些改变。

我会继续参加比赛
问题是如果要跑得比
黑风暴杰克逊快
我就得像他那样训练。

除锈灵中心早就做好了准备！

全新的训练中心，这
里有用来训练的各种
各样的高端器材！

DODGE

和闪电麦昆一起
开始训练吧！

咔！

电影名	赛车总动员3
场次	1场1次

用对比分析法
帮助闪电麦昆提高成绩！

闪电麦昆以前训练时，不清楚自己需要提升哪方面，一圈接一圈地跑，从天亮跑到天黑……
虽然训练很刻苦，但由于提升方向不清晰，训练效果很差。
其实，赛车性能的提升，受很多方面的影响，比如汽车重量分布、下压力、空气动力等因素。
闪电麦昆到底是哪个方面差呢？哪个差得最多呢？

对比分析法！ 会给出答案！

在开始分析前，模拟器需要找到影响赛车速度的一些数据，
比如：轮胎压力、下压力、重量分布和空气动力性等。

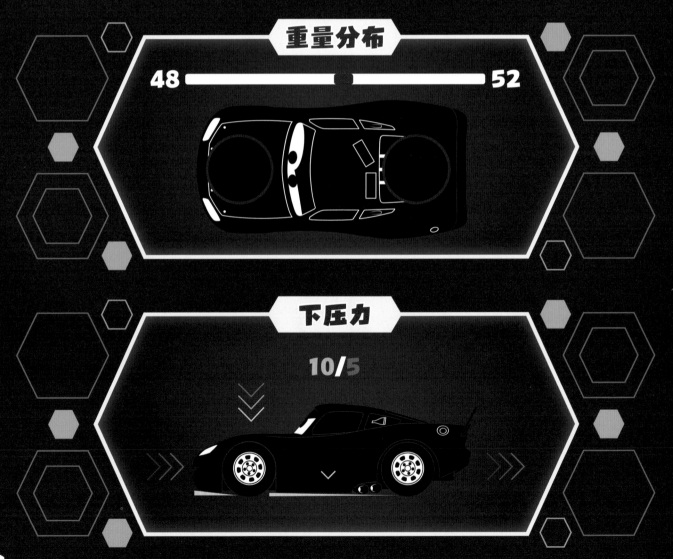

重量分布

48   52

下压力

10/5

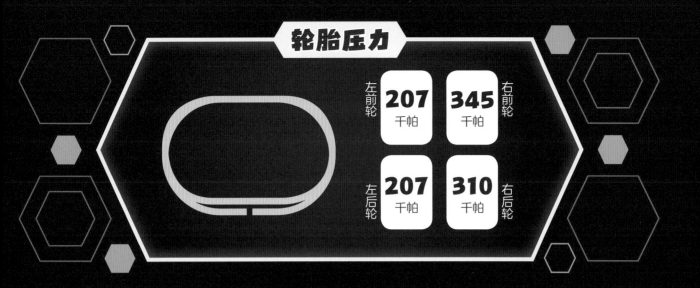

轮胎压力

左前轮 **207** 千帕　　右前轮 **345** 千帕

左后轮 **207** 千帕　　右后轮 **310** 千帕

空气动力性

只要收集这些数据，使用对比分析法

快速找到需要提升的方向，

针对闪电麦昆的短处做专项训练，就能提升速度

帮助闪电麦昆提高成绩啦！

对比分析方法
大揭秘！

模拟训练器提供了黑风暴杰克逊和闪电麦昆各项性能的评分，把这些评分进行对比，看看问题出在哪里吧！

1. 收集黑风暴杰克逊和闪电麦昆的数据

比赛瞬间黑风暴杰克逊的数据

轮胎压力值	
左前轮	207千帕
左后轮	207千帕
右前轮	345千帕
右后轮	310千帕

下压力（与空气阻力比值）10/5	
重量分布	
前端重量	48%
后端重量	52%

模拟器对黑风暴杰克逊的评分	
轮胎压力：9分	空气动力：9分
下压力：9分	重量分布：9分

比赛瞬间闪电麦昆的数据

轮胎压力值	
左前轮	207千帕
左后轮	207千帕
右前轮	345千帕
右后轮	310千帕

下压力（与空气阻力比值）8/5	
重量分布	
前端重量	40%
后端重量	60%

模拟器对闪电麦昆的评分	
轮胎压力：9分	空气动力：9分
下压力：7分	重量分布：6分

2. 画成柱状图，让数据变得更直观

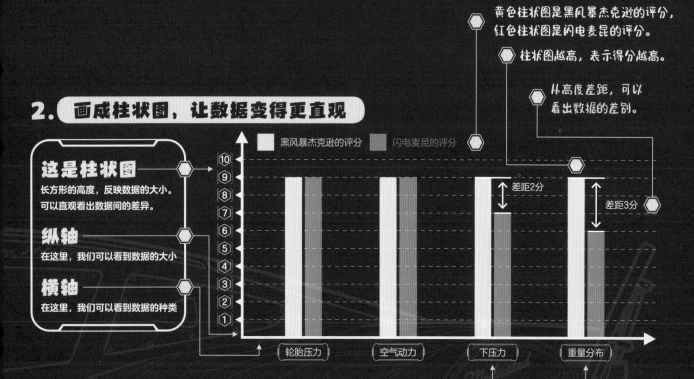

黄色柱状图是黑风暴杰克逊的评分，红色柱状图是闪电麦昆的评分。

柱状图越高，表示得分越高。

从高度差距，可以看出数据的差别。

这是柱状图
长方形的高度，反映数据的大小。可以直观看出数据间的差异。

纵轴
在这里，我们可以看到数据的大小

横轴
在这里，我们可以看到数据的种类

黑风暴杰克逊的评分　　闪电麦昆的评分

差距2分

差距3分

轮胎压力　　空气动力　　下压力　　重量分布

3. 对比分析，找到闪电麦昆需要提升的方面

这里显示数据异常！重量分布差距大！
通过数据可以看出，闪电麦昆的前后重量分布不均，这大大影响了它的速度，看来需要调整整个车身的前后重量比例。

4. 调整数据

调整车身前后重量比例，减少车身前部重量，增加车身后部重量，让闪电麦昆试跑一圈，看看结果吧！

调整后，模拟器给出了新的评分：

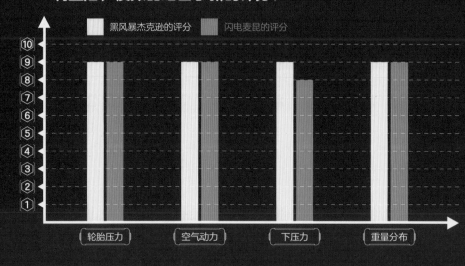

黑风暴杰克逊的评分　　闪电麦昆的评分

轮胎压力　　空气动力　　下压力　　重量分布

	黑风暴杰克逊	闪电麦昆
轮胎压力	9	9
空气动力	9	9
下压力	9	8
重量分布	9	9

看，闪电麦昆的重量分布得到了有效改善，下压力也有所提升。闪电麦昆要继续提升自己，去拿回冠军吧！

只要有一个标准的参考数据，对比分析就能发现问题。

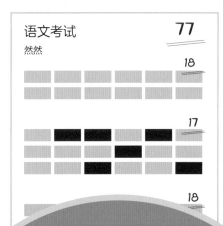

語文考试   77
然然

提高学习效率

对比分析法能帮助我们分析学习中的薄弱项，让我们更清晰地知道哪个知识点没掌握。接下来可以做专项练习，有效提升学习成绩。

这是本次语文考试的考核项目和对应的分值。

知识点	拼音	汉字	组词	造句	判断
卷面分数	20	20	20	20	20

这是然然在每一个考核项目上的得分。

知识点	拼音	汉字	组词	造句	判断
然然分数	18	17	18	5	19

对比
分析法
在生活中的应用

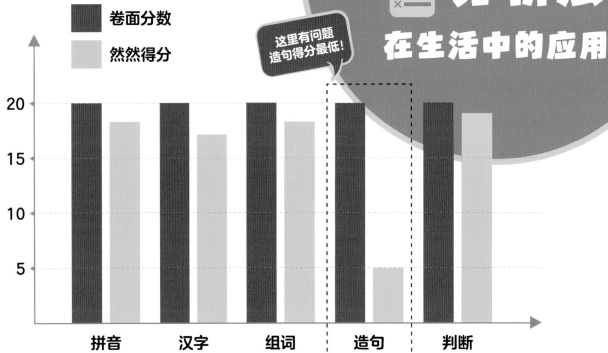

■ 卷面分数
■ 然然得分

这里有问题
造句得分最低！

20
15
10
5

拼音   汉字   组词   造句   判断

用对比分析法可以得出，然然的造句能力急需提升，多多练习造句吧！

提供训练指南

使用对比分析法，能清晰地看到运动员最需要提升的能力项，给运动员提供科学的训练指导。

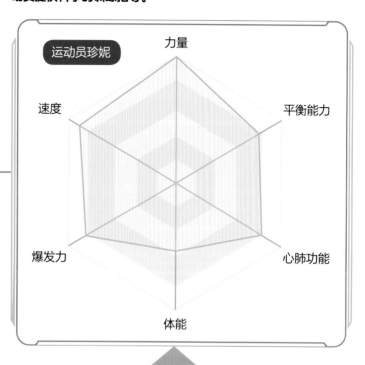

这种叫雷达图，通常用于综合分析多个指标。越靠近中心，分数越低，对应的能力越弱。

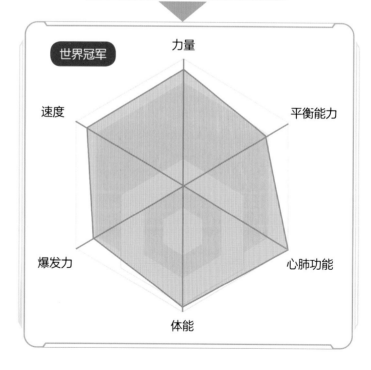

和世界冠军的能力相比，运动员珍妮的各项指标中，体能最弱。要想追上世界冠军，多多增加体能训练吧！

电影名	美食总动员
场次	1场1次

漏斗
分析法

漏斗分析法是指通过漏斗图展示某个特定流程中事件的变化情况，定位问题发生的环节，从各个可能的角度分析，直至找到解决这个问题的方法。

现在，就让我们看看，用漏斗分析法在厨神餐厅发现的问题吧！

厨神餐厅的主人古斯塔

不过并非人人赞同他的观点。

厨神古斯塔的餐厅在巴黎备受推崇，这令他的竞争对手们又嫉妒、又羡慕。

是有史以来最年轻的五星级大厨！

他的大作《人人皆可烹饪》

刚一问市便荣登畅销榜榜首！

多么可笑的书，人人皆可烹饪？对于我这种视烹饪为神圣者，我不认为什么人都可以当厨师。

比如，美食评论家科博先生！

Anton Ego

FOOD CRITIC

"THE GRIM EATER"

让厨神餐厅从五星级降成了四星级，名声**一落千丈！**

美食评论家科博的肆意炮轰

这对厨神是个致命的打击他不久便黯然辞世！

厨神，死了。

厨神死后，餐馆被邪恶、专制、狡猾的史老板控制，质量和信誉都大不如前。

请你为我最新的冷冻食品想几个点子。

厨神终于找到他在历史上的最佳位置,堪与意大利面创始人媲美,成为低端食品的代表。

史老板利用厨神的大名,将厨神餐馆由一个神圣的地方变成一个充满铜臭味的赚钱机器。

自此,厨神餐厅的生意陷入了低谷从四星级又降成了三星级!

想办法改善餐厅的经营状况吧!

GUSTEAUS

咔!

电影名	美食总动员
场次	1场1次

使用漏斗分析法
改善餐厅经营状况！

来厨神餐厅的人越来越少，餐厅的生意越来越差！这究竟是什么原因呢？
其实，客人从进入餐厅到用餐结束，中间还有很多环节，如查看菜单、点菜、菜品评价等。
餐厅人数越来越少，有可能是其中的某个环节出了问题。

数据会说明一切！要想找到出现
问题的环节，试试
漏斗分析法吧！

漏斗分析法通过使用漏斗图的方式，计算统计
和展示各个关键环节的数据，可以直观地展示
出各个环节的人数比例，及时发现问题。

顾客进入餐厅到下单的关键环节有4个

2.查看菜单

人数：912人

1.进入餐厅

人数：950人

3.点菜下单

人数：300人

4.对菜品满意

人数：240人

只要搜集到

这些环节的数据

使用漏斗分析法

就能找到问题出在哪啦！

漏斗分析法 大揭秘！

1. 收集不同环节的人数

收集厨神餐厅和当地某三星级餐厅，
一周内的各环节数据。

数据类型	厨神餐厅	某三星级餐厅
进入餐厅的人	950	1000
查看菜单的人	912	920
点菜下单的人	300	800
对菜品满意的人	240	580

2. 画一个漏斗图

把以上表格转化成相应的漏斗图，并计算出相应的人数比例。

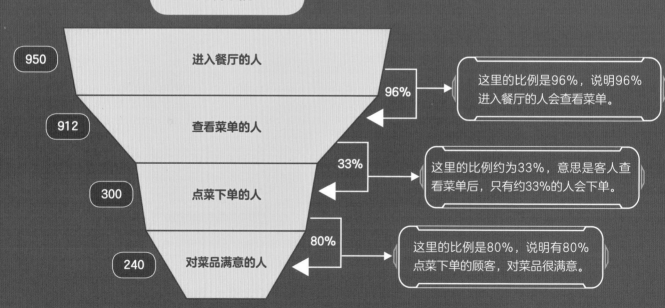

厨神餐厅

950 进入餐厅的人
96% 这里的比例是96%，说明96%进入餐厅的人会查看菜单。
912 查看菜单的人
33% 这里的比例约为33%，意思是客人查看菜单后，只有约33%的人会下单。
300 点菜下单的人
80% 这里的比例是80%，说明有80%点菜下单的顾客，对菜品很满意。
240 对菜品满意的人

3. 对比分析，找到人数比例低的环节

在漏斗图中，每一步转化的人数比例，越接近100%越好。
但是，不可能每一步都是100%，那比例多少才是正常的呢？

有标准才能评估好坏，对比本地某三星级餐厅的漏斗图，看看厨神餐厅的问题出现在哪里？

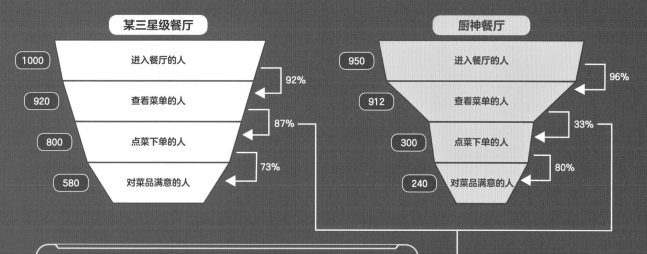

某三星级餐厅

1000	进入餐厅的人
920	查看菜单的人
800	点菜下单的人
580	对菜品满意的人

92%
87%
73%

厨神餐厅

950	进入餐厅的人
912	查看菜单的人
300	点菜下单的人
240	对菜品满意的人

96%
33%
80%

找到了！
对比发现，厨神餐厅"点菜下单的人"比例过低（33%远小于87%）！

4. 找出数据背后的原因，得出结论

每一环数据背后都有原因，比如：进入餐厅的人数，可能与餐厅位置有关；查看菜单的人数，可能与服务态度、餐厅环境有关；点菜下单的人数，可能与菜品种类有关；对菜品满意的人数，可能与菜品味道有关。

大部分进入厨神餐厅后的客人，都查看了菜单，说明服务态度、餐厅环境良好！且对菜品的满意度高达80%，看来，菜的味道也没问题！

结论

看过菜单后，只有约33%的客人下单，说明很多客人没找到自己想吃的菜。

厨神餐厅重新分析了当地人的口味，推出了新的菜品，顾客量果然增加啦！

21

漏斗分析能反映特定流程中，数据的变化情况。

开出更多的花

花匠撒下1000粒种子，结果开花的只有275个。
你能用漏斗分析法帮花匠找到原因吗？

1 先把整个过程拆解为播种、发芽、长花苞、开花4个环节。

2 再收集各个环节的具体数据，生成漏斗图。

主要由4个环节组成
播种·发芽·长花苞·开花

花匠的漏斗图

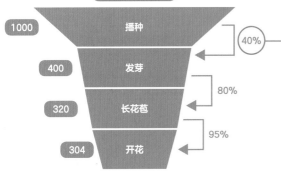

1000	播种
400	发芽	40%
320	长花苞	80%
304	开花	95%

漏斗分析法
在生活中的应用

平均数据漏斗图

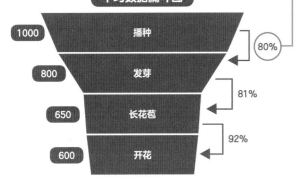

1000	播种
800	发芽	80%
650	长花苞	81%
600	开花	92%

3 发现问题

与平均数据漏斗图进行对比，发现花匠的种子发芽比例只有40%，远低于平均水平。

4 查找原因

种子的发芽比例与种子质量、萌芽时期的水分、氧气等有关。看来花匠需要选用优质的种子，学习科学的培养方法，让更多的种子发芽，这样，就能开出更多的花啦！

守护鸡宝宝

小鸡孵化厂，近期出现了问题：以前，1000枚蛋能孵出700多只小鸡，现在只能孵出200多只。到底是哪里出现了问题呢？

 先把整个过程，分解为挑选种蛋、长成胚胎、啄开小孔、顺利破壳4个阶段。

 再收集两次孵化各个阶段的集体数据，生成漏斗图。

挑选种蛋

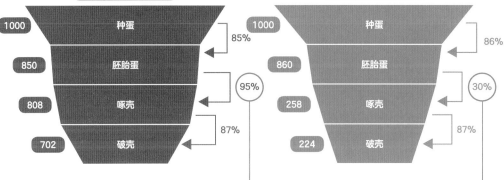

以前孵化漏斗图

1000	种蛋
850	胚胎蛋
808	啄壳
702	破壳

85%
95%
87%

这次孵化漏斗图

1000	种蛋
860	胚胎蛋
258	啄壳
224	破壳

86%
30%
87%

 发现问题

和以前的孵化数据相比，只有30%的胚胎蛋在此次孵化中顺利啄壳。

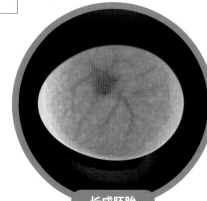

长成胚胎

顺利破壳

啄开小孔

 查找原因　种蛋长成胚胎后，开始用肺部呼吸，需要很多氧气。如果孵化环境通风差，会导致胚胎窒息死亡，也就无法啄壳。下次孵小鸡时，一定要记得保持通风哦！

电影名	超能陆战队
场次	1场1次

决策树
分析法

决策树分析法是一种常用的分类方法，通过层层的决策，快速将数据进行分类。由于它的图形很像一棵树的枝干，所以被称为决策树分析法。

现在就让我们看看，大白是怎样使用决策树分析法的吧！

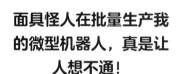

面具怪人在批量生产我的微型机器人，真是让人想不通！

那个面具怪人偷走了我的微型机器人，然后放火掩盖行踪。

算了，那是一起事故。

小宏的哥哥泰迪，在一场大火中死了。所有的人都以为那是一场意外。

直到有一天，小宏发现不对劲！

小宏意识到，那场大火有可能不是意外，而是有人故意放火！

小宏决定抓住面具怪人！

可是，面具怪人太强大，第一次对战，小宏失败了！

小宏并没有放弃，他想找到这个面具怪人，可他一点头绪也没有……

还好有大白！它扫描了面具怪人的身体数据！

我可以用扫描数据找到他。

只要升级了大白的传感器，同时扫描整个城市所有人，就能找到面具怪人！

和大白一起开启
冒险之旅吧！

咔！

电影名	超能陆战队
场次	1场1次

用决策树分析法，快速找出面具怪人！

整座城市约有几十万人，如果收集所有人的身体数据，再一个一个与面具怪人的数据进行对比，这会需要很长时间。有没有更快速的查找方法呢？

试试 **决策树分析法吧!**

它可以将收集到的数据分类，快速锁定面具怪人所在的区域！

1

首先，大白会根据面具怪人的身体数据特征，设计出一个决策树。

2

接下来，升级大白的超级传感器，搜集全城人的身高、性别、血型、体重的数据。

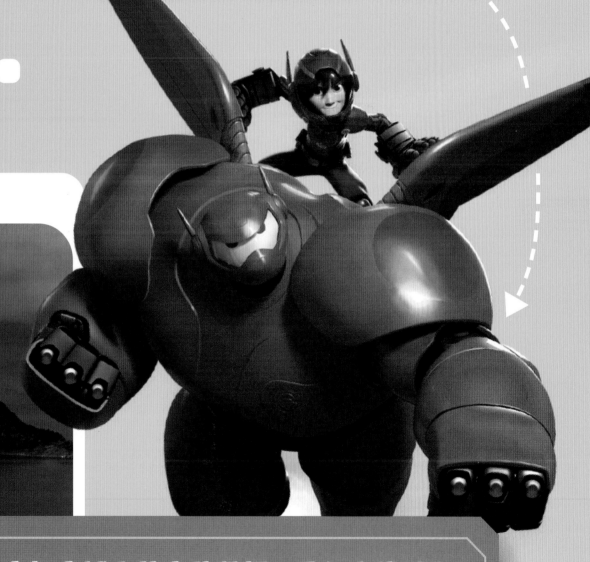

3

大白会把全城人的身体数据，导入决策树中进行分类。很快，大白就能找到面具怪人了！

决策树分析法
大揭秘！

决策树分析法这么厉害，究竟是怎么做到的呢？

面具怪人的身体数据：

血型：AB型

身高：175厘米

性别：男

体重：72千克

1. 建立决策树，并进行测试

现在让我们按照由上至下的顺序，放入150000份全城人的身体数据，试试看吧！

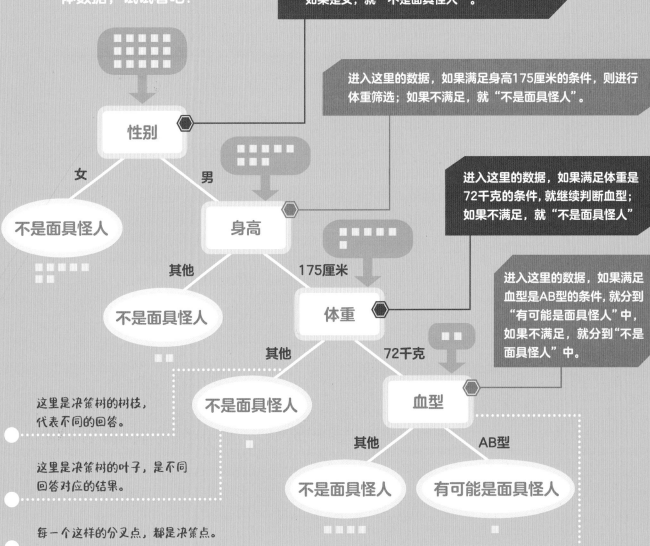

进入这里的数据，如果是男，就继续判断身高；如果是女，就"不是面具怪人"。

进入这里的数据，如果满足身高175厘米的条件，则进行体重筛选；如果不满足，就"不是面具怪人"。

进入这里的数据，如果满足体重是72千克的条件，就继续判断血型；如果不满足，就"不是面具怪人"

进入这里的数据，如果满足血型是AB型的条件，就分到"有可能是面具怪人"中，如果不满足，就分到"不是面具怪人"中。

性别

女 —— 不是面具怪人

男 —— 身高

其他 —— 不是面具怪人

175厘米 —— 体重

其他 —— 不是面具怪人

72千克 —— 血型

其他 —— 不是面具怪人

AB型 —— 有可能是面具怪人

这里是决策树的树枝，代表不同的回答。

这里是决策树的叶子，是不同回答对应的结果。

每一个这样的分叉点，都是决策点。

分析完这些数据，大白竟然用了10分钟……有没有更高效的办法呢？

2. 调整决策点的顺序，让决策树更高效

决策点的顺序很重要。
把排除人数比例最多的选项，排在第一位。剩余的按照"排除人数"
由多到少的顺序，依次排列。

决策点	占比	能够排除人数
血型	AB型——占医疗库中的7%	能够排除约93%的人
体重	72千克——占医疗库中的20%	能够排除约80%的人
身高	175厘米——占医疗库中的24%	能够排除约76%的人
性别	男——占医疗库中的50%	能够排除约50%的人

新的决策点顺序为：血型-体重-身高-性别

建成新的决策树后，放入同样150000份全城人的身体数据……

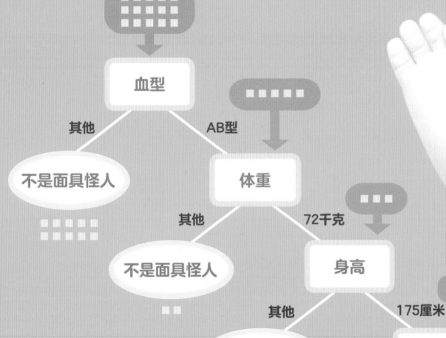

太棒了！
大白仅仅用了1分钟，就将
所有的数据做好了分类。
快快扫描全城人的数据，找
到面具怪人吧！

使用决策树分析法，能快速将混乱的信息做好分类。

找到小兔子

有只灰色、竖耳、红眼、长毛的兔子，不小心跑进了1000只兔群中，用决策树分析法快速找到它吧！

 1 先计算出兔子不同特征所占比例，并按占比大小，给这些特征排序。

决策点	占比	能够筛选掉的比例	占比顺序
皮毛颜色	灰色-32.3%	67.7%	2
耳朵形状	竖耳-20.6%	79.4%	1
眼睛颜色	红色-45.2%	54.8%	3
兔毛长短	长毛-81.1%	18.9%	4

 2 确定决策点顺序。

为了每次决策都能排除掉更多的兔子，可以按特征占比大小，排列决策点。这样决策点的顺序为：耳朵形状-皮毛颜色-眼睛颜色-兔毛长短。

3 按照此顺序，建一棵决策树吧！

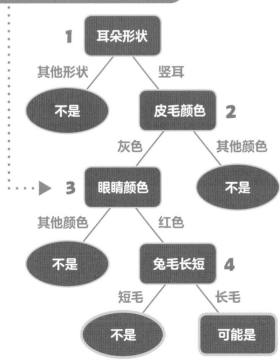

决策树分析法在生活中的应用

4 接下来，把兔子群中所有兔子的数据，导入到决策树中，就能很快找到小兔子啦！

选出好树苗

又到植树节了，一起选出好树苗吧！

一颗树苗的好坏，要看根长短、主干粗细、树皮完整程度、树干形态等，这些特征是很重要的决策点。

根用来吸收养料，根系越发达，吸收养料越多；主干粗壮说明树苗发育良好；树干笔直的树苗，长大后形态更好看。

 1 根据以上条件的重要程度，排列决策点的顺序。

决策点	重要程度	决策点顺序
根系发达	★★★★★	1
主干粗壮	★★★★	2
树苗笔直	★	3

2 根据决策点的顺序，建立一棵决策树吧！

```
            根系发达  1
         否 ╱      ╲ 是
    不是好树苗    主干粗壮  2
              否 ╱      ╲ 是
         不是好树苗    树苗笔直  3
                    否 ╱      ╲ 是
               不是好树苗    是好树苗
```

3 把所有树苗的数据导入决策树中，就可以筛选出好树苗啦！

平均数
分析法

平均数分析法能反映某一特征数据总体的一般水平。

一起来看看，用平均数分析法能为卡尔做些什么吧！

电影名 飞屋环游记
场次 1场1次

我觉得你不太爱说话，不过，我喜欢你！

艾莉喜欢卡尔！

他们买了新房子，并亲手装扮了它。

艾莉想和卡尔生好多小宝宝。

卡尔喜欢探险，艾莉也喜欢探险，于是他们成了好朋友。

卡尔也喜欢艾莉！

就这样，他们结婚了！

后的美好生活！

可是，医生却遗憾地告知艾莉和卡尔，
他们不能生育！

艾莉
伤透了心……

尽管不能有自己的宝宝，

可卡尔和艾莉
依然很相爱！

直到变老了

他们依然相爱如初！

遗憾的是，
艾莉去世了……

只剩下了卡尔一个人。

继续生活在老房子里
——一栋充满爱和回忆的老房子！

卡尔年纪越来越大，这天，养老院向卡尔发出了邀请，可是卡尔根本不想去。

橡树养老院？
真能胡扯！

有什么办法可以让卡尔在家就能养老呢？

想办法帮帮卡尔吧！

咔！

电影名	飞屋环游记
场次	1场1次

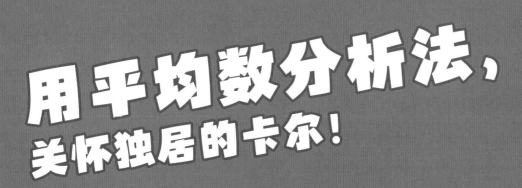

用平均数分析法，
关怀独居的卡尔！

只要实时监测卡尔生活用水、用电等数据，就能推断出卡尔的生活状态！

1. 记录卡尔近期每天的水、电、燃气使用量，计算出这些数据的平均值。

2. 使用智能设备，实时收集卡尔每天的用水、用电量等数据。

3. 将当天数据与平均值进行比较，从而推测出卡尔现状是否正常。

这样，

卡尔就不用搬离老屋啦！

平均数分析法 大揭秘！

1. 收集数据

首先，从数据系统中查询，卡尔最近100天，每天的水、电、燃气使用量等数据。

	水（立方米/天）	电（度/天）	燃气（立方米/天）	出门次数（次）	运动步数（步）
第1天	0.06	6	0.5	3	4123
第2天	0.07	7	0.7	4	2456
第3天	0.06	7	0.8	1	6700
第4天	0.04	8	0.6	2	6543
第5天	0.05	5	0.9	3	7789
第6天	0.12	11	0.8	2	4631
……	……	……	……	……	……
第100天	0.06	6	0.7	1	5387

2. 算出平均值

将卡尔100天用电量相加，除以100，就能得到卡尔这100天平均每天的用电量。

以此类推，算出各项数据的平均每天数值。

用　水　量：0.06立方米
用　电　量：6.3度
燃气使用量：0.6立方米
出　门次数：4次
运动步数：4363步

3. 对比平均数，找到问题数据

实时收集卡尔每天的数据，并与平均值进行对比。

	独居老人的平均每天数值	卡尔当天的数据
用水量（立方米）	0.06	0.07
用电量（度）	6.3	5.6
燃气使用量（立方米）	0.6	0.7
出门次数（次）	4	4
运动步数（步）	4363	4237

社区及医院统计数据显示：独居老人水、电使用量，高于或低于平均值的30%，均属于异常。
卡尔当前的数据和平均值相近，说明水电使用量正常。

数据显示，如果独居老人一天的运动量，低于平均值的90%，说明老人极有可能发生了意外。
卡尔当前的运动数据虽然比平均值低，但仍处于正常值的范围。

燃气公司巡检组调研显示，燃气使用量超出平均值50%时，可能发生燃气泄漏。
卡尔当前的数据和平均值相差不多，说明燃气使用正常。

实时收集独居老人数据，和平均值对比，一旦发现异常数据，会有医生及时上门，探望老人。

卡尔当前各项数据和平均数据相比较，虽然有波动，但都在正常范围内。推测卡尔目前生活状态正常，暂无生命健康隐患，定期看望他就可以啦！

平均数分析法给生活带来的改变。

根据平均值，调整潮汐车道

平均数分析法，可以应用到潮汐车道上，解决交通拥堵的问题。它是怎么解决的呢？

潮汐车道的方向变化，可以根据不同时间段的拥堵情况而定。
可是，什么时间段、什么方向的交通拥堵情况最严重呢？

平均数
分析法
在生活中的应用

这时候就可以用这种方法，计算出连续30个工作日、不同方向的车流量平均数，就能知道拥堵严重的方向和时间段。

经分析后发现：

由西向东方向的道路	
00:00-18:00	平均每分钟200辆车经过（道路拥堵）
18:00-24:00	平均每分钟65辆车经过

由东向西方向的道路	
00:00-18:00	平均每分钟70辆车经过
18:00-24:00	平均每分钟212辆车经过（道路拥堵）

因此，
00:00-18:00，潮汐车道应设置为：由西向东。
18:00-24:00，潮汐车道应设置为：由东向西。

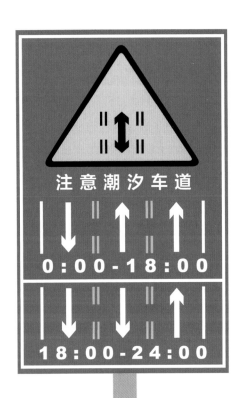

电影名	美食总动员
场次	2场1次

象限
分析法

使用象限分析法，能合理地分配资源。

一起来学习象限分析法吧！

降为三星级的厨神餐厅，
又火了！

"小宽厨师，你没受过正规训练，却能一鸣惊人，你的秘诀是什么？"

这一切都是因为
新手厨师小宽。

小宽撒谎说，
这一切都是自己的天赋。

其实，他真正的秘诀是小米——一只擅长做菜的小老鼠

小米藏在小宽的帽子里，指挥着小宽，做出了一道又一道美食！而小宽根本不想让别人知道事情的真相。

小米因此和小宽大吵了一架，离开了厨神餐厅。

第二天，厨神餐厅正常营业

这是你的独家菜，怎么能连秘方都忘了呢？

可没了小米，小宽什么菜也做不出来，后厨乱成一团。

正当小宽不知道怎么办时，小米回来了！

我根本没有烹饪的天分。它躲在我的帽子里，指挥着我的动作。那些令人惊叹的美食，都是它的手艺。

这一次，小宽说出了真相……

真正的厨师竟然是——

一只

小！老！鼠！

46

知道真相后，
所有的厨师都离开了，餐厅里只剩
下小宽和老鼠小米。

客人太多了，正当小宽和小米决定放弃时……

小米的爸爸出现了，还带
来了好多帮手，他们都
在等待小米的调遣。

虽然我们不是厨师，但
我们是家人。只要告诉
我们怎么做，我们保证
完成任务。

快给老鼠们分配
任务吧！

咔！

电影名	美食总动员
场次	2场1次

用象限分析法，
让老鼠们各司其职！

老鼠个头小，跟人类厨师分工可不一样，他们得按照"耐力"和"力气大小"来决定该负责什么活儿的！该怎样给他们分配工作呢？

那就用 象限分析法！

只要收集到所有老鼠的能力数据，结合不同岗位中需要的能力，就能完成合理分配。

象限分析法这么厉害，

究竟是怎么做到的呢？

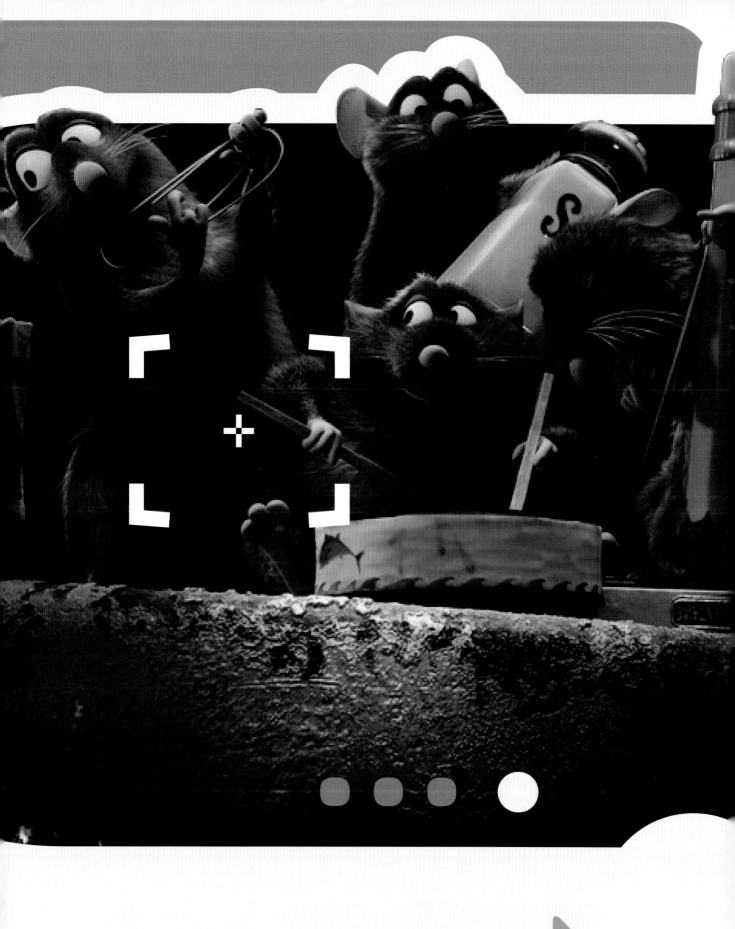

象限分析法 大揭秘！

> > >

1. 明确岗位需求

小米可是烹饪专家，他擅长制作美食，熟悉做菜环节的具体要求。跟着小米一起看看，这些工作都需要哪些能力吧！

别让白奶油分开了，一定要不停地搅拌。
——调汁是个相对轻松的工作，不需要大力气，但要求耐力好。

牛排一定要滑嫩可口，抹油后，用力捣松点，再捣松点……
——捣牛排可是个力气活，需要力气大而且耐力好的老鼠，不停地捣。

端盘子的一定要站着走。
——端盘子要求力气大，只要安全送到就可以，对耐力要求不高。

做沙拉要像作画一样讲究。
——看来做沙拉时，力气再大、耐力再好，也帮不上什么忙。

将上面的数据放到坐标系中：

以中间值5为分界线，分出4个区域。

耐力

10		
9		● 老鼠1
8	● 老鼠4	● 老鼠3
7	● 老鼠6	2
6	1	
5		
4		● 老鼠7
3	● 老鼠2	
2	3	4 ● 老鼠5
1		
0	1 2 3 4 5	6 7 8 9 10 **力气**

这个区域的老鼠，力气小、耐力好。

这个区域的老鼠，力气大、耐力好。

这个区域的老鼠，力气大、耐力差。

这个区域的老鼠，力气小、耐力差。

3. 用象限分析法，根据老鼠能力分组

2. 收集每个老鼠的能力数据

做菜主要需要用到老鼠们的力气和耐力，收集这两项数据后，就可以开始分析啦！

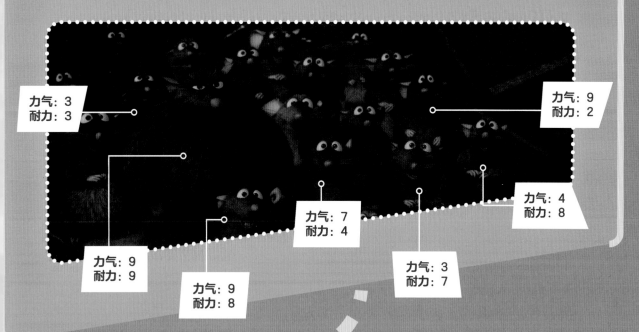

力气：3
耐力：3

力气：9
耐力：2

力气：7
耐力：4

力气：4
耐力：8

力气：9
耐力：9

力气：9
耐力：8

力气：3
耐力：7

这样就可以根据老鼠的特长，
对应岗位需求，
给老鼠分配任务啦！

力气小、耐力好的老鼠，可以去调汁。

力气大、耐力好的老鼠，可以去捣牛排。

力气大、耐力差的老鼠，可以去端盘子。

力气小、耐力差的老鼠，可以去做沙拉。

4. 完成分配

象限分析能帮助我们合理分配有限的资源。

合理分配时间

你会感觉时间不够用吗？
每天要做的事情有很多，又不知道怎么安排？四象限时间管理法，可以帮你理性分析。

1 先把要做的事情列出来，并打出相应的分数。

事件	紧急程度（0~10）	重要程度（0~10）
上钢琴课	9	9
练字	2	6
做家务	7	6
取快递	8	3
看动画片	4	2
看漫画书	1	1

象限
分析法
在生活中的应用

2 再根据分数，把要做的事情，分配在4个象限中。

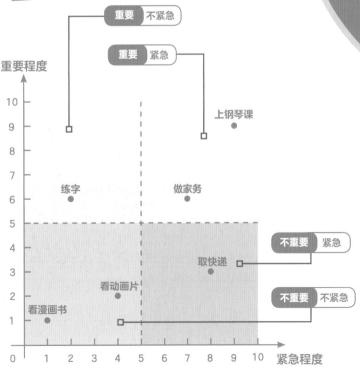

3 面对不同象限中要做的事情。

采取不同的行动策略

紧急且重要的事情——马上做
不紧急但重要的事情——列出计划做
不紧急又不重要的事情——可以不做或减少做
紧急但不重要的事情——可以找别人帮忙做

选择郊游地点

二年级三班准备去郊游，大家列出了自己想去的地方，但这次郊游距离不能太远，门票也不能太贵。
用象限分析法找出适合的地点吧！

1 先把距离和门票价格列出来。

地方	距离（千米）	门票价格（元）
游乐场	90	80
海水浴场	20	10
爬山	60	5
雕像公园	10	80
森林公园	20	30
城北古城	80	20
动物园	15	40
海洋馆	10	65
科技馆	70	40
美术馆	70	90
博物馆	5	35

2 把上面的数据画在坐标系中，并以50元和50千米为分界线，分成4个区域。

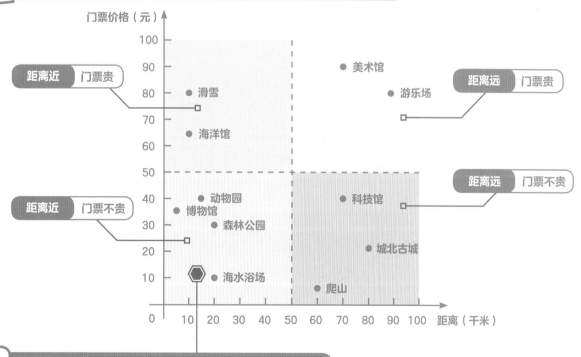

3 距离近，门票便宜的地点，都在这里了，选择一个出发吧！

电影名	无敌破坏王2
场次	1场1次

相关
分析法

使用相关分析法，能确定各个现象之间有没有关系。

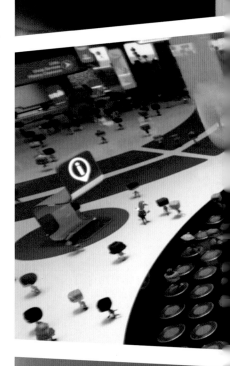

现在让我们一起学习相关分析法吧！

27001美元，成交！

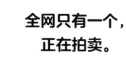

全网只有一个，
正在拍卖。

云妮洛普终于找到了方向盘，只要买到它
"甜蜜冲刺"就有救啦！

云妮洛普猜"拍卖"就是在台下大声
嚷嚷，谁说的数字大，谁就能赢！

看我的，
1500！

1700！

1600！

27001！

2600！

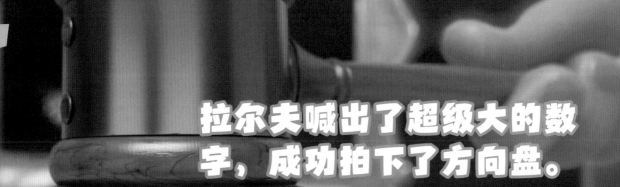

拉尔夫喊出了超级大的数
字，成功拍下了方向盘。

付款时，他们才知道，拍卖不是喊出数字就可以，而是要用钱！

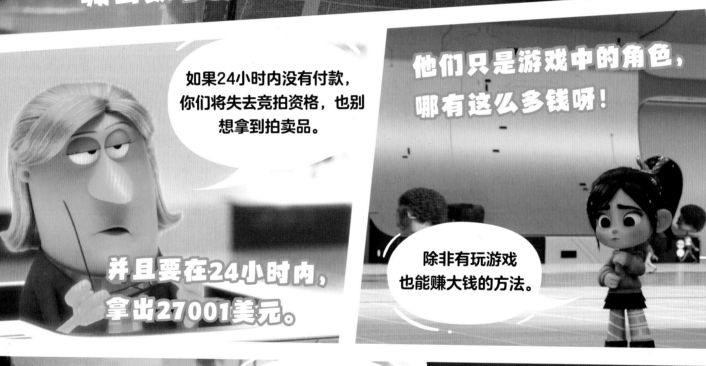

并且要在24小时内，拿出27001美元。

好消息是，闪姐说拍爆音视频可以赚钱！

赞姐说视频被点赞越多，赚钱也就越多！

5,102,847

在赞姐的帮助下，拉尔夫拍了很多视频，也获得了很多赞！

但他还要在5小时内集齐两亿个赞，才能买下方向盘，否则云妮洛普就会失去家园。

Ralph is the G.O.A...

302,060,064

一起帮帮拉尔夫吧！

咔！

点赞就是钱。

电影名	无敌破坏王 2
场次	1 场 1 次

用相关分析法，帮拉尔夫集赞！

一条爆音视频，会产生很多数据，如播放量、评论量、转发量等，可究竟哪个数据和点赞量有关呢？

这时，就可以用 **相关分析法**，它可以快速发现两个数据之间的关系。

现在，我们收集了10000条视频的数据，让我们来分析一下，哪种数据影响点赞量吧！

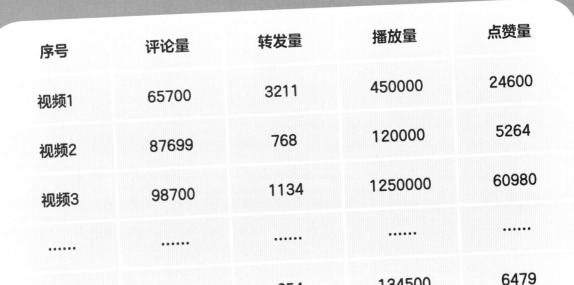

序号	评论量	转发量	播放量	点赞量
视频1	65700	3211	450000	24600
视频2	87699	768	120000	5264
视频3	98700	1134	1250000	60980
......	......	......	......	......
视频10000	35	654	134500	6479

❤ 25   💔 2

❤ 4   💔 0

相关分析法 大揭秘！

在相关分析法中，我们常用散点图，展示数据的分布情况。

1. 如果散点图看起来是上升的，就像爬山，那就说明变量1和变量2是正相关。

这是一个散点图，图中的变量1和变量2指的是已知数据。

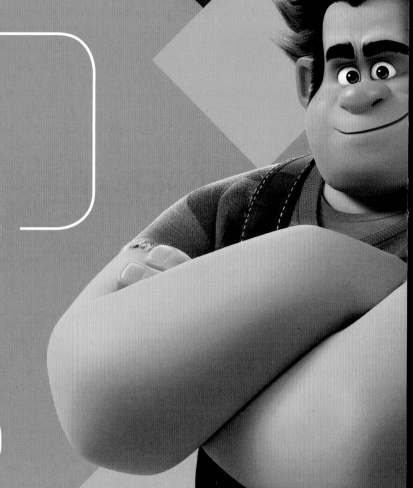

变量2

变量1

散点图中的点，就是我们根据已知数据，画出来的。等画完所有的点后，根据所有点的分布情况，就能直观地看出两数据之间的关系。多数情况下，它们之间的关系是正相关、负相关或不相关。

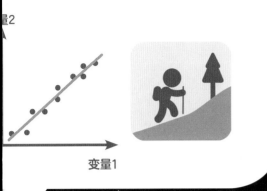

变量1

2.如果散点图看起来是下降的，和滑梯一样，那就说明变量1和变量2是负相关。

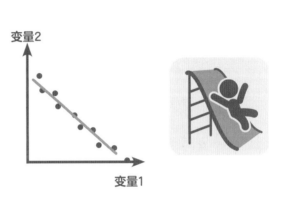

3.如果散点图看起来一会儿上升，一会儿下降，就像过山车一样，那就说明变量1和变量2不相关。

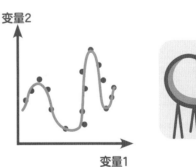

现在，就让我们一起来分析：转发量和点赞量、评论量和点赞量、播放量和点赞量之间的关系吧！

1. 转发量和点赞量

从10000条爆音视频数据中，分别计算出转发量为0.1万、0.2万、0.5万、1万、2万、10万等对应的平均点赞量，填写在表格中。

转发量 （万）	平均点赞量 （万）
0	0.0086
……	……
0.1	4.569
……	……
0.2	3.96
……	……
0.5	12.365
……	……
1	20.387
……	……
2	18.968
……	……
10	78.963
……	……

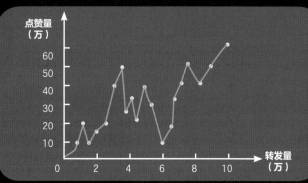

依据右图表格，绘制出转发量和点赞量之间的散点图。

根据散点图不难看出，转发量逐渐增高时，点赞量呈无规律波动，因此，可以判定：转发量与点赞量不相关。

2. 评论量和点赞量

转发量与点赞量之间无相关关系，那评论量和点赞量之间呢？同转发量一样，我们需要从10000份爆音视频数据中，计算出评论量分别为0.1万、1万、5万、10万、20万、50万等时，对应的平均点赞量，填写在表格中。

评论量 （万）	平均点赞量 （万）
0	0.002
……	……
0.1	0.52
……	……
1	1.53
……	……
5	4.58
……	……
10	7.626
……	……
20	13.673
……	……
50	8.469
……	……

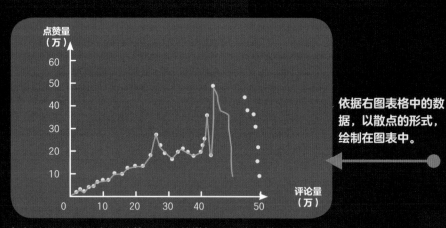

依据右图表格中的数据，以散点的形式，绘制在图表中。

根据上图可以看出，随着评论量的增加，平均点赞量也增加，但之后，评论量增加时，平均数呈无规律波动的形态。可见，评论量与平均点赞量不相关。

3.播放量和点赞量

接下来，再看看播放量和点赞量的之间的关系吧！同样，从10000条爆音视频中，计算出播放量为0.01万、0.1万、1万、10万、100万、300万、500万、1000万等时，对应的平均点赞量，填写在表格中。

播放量（万）	平均点赞量（万）
0	0
……	……
0.01	0.023
……	……
0.1	0.153
……	……
1	0.458
……	……
10	5.826
……	……
100	60.895
……	……
300	215.68
……	……
500	407.74
……	……
1000	589.05
……	……

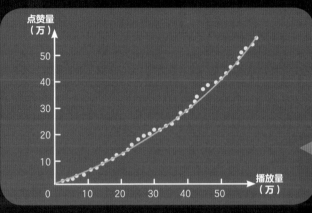

把右表中的数据绘制在散点图中看看它俩之间的关系吧！

根据散点图可以看到，当视频的播放量增加时，平均点赞量也随之增加，因此可以推断，视频的播放量与平均点赞量正相关。

所以，要想帮拉尔夫获取更多的点赞，需要先提高视频的播放量。提高播放量的前提是，让更多的人看到这条视频。

哦！弹窗可以让更多的人看到这个视频，刚好赞姐有一支专业的弹窗队伍，快快联系赞姐，启动弹窗吧！

使用相关分析法，能帮你找到改进的方法。

找到遗忘的规律

为了搞清楚遗忘的规律，一位叫艾宾浩斯的心理学家，做了一个有趣的实验。

他选用一些英文字母，随机组合成没有意义的单词，并让自己全部记住这些词，然后，他记录了20分钟、1小时、1天、1周、1个月后，自己分别记住的单词数量。

艾宾浩斯根据这些数据，绘制了一条非常有名的曲线：

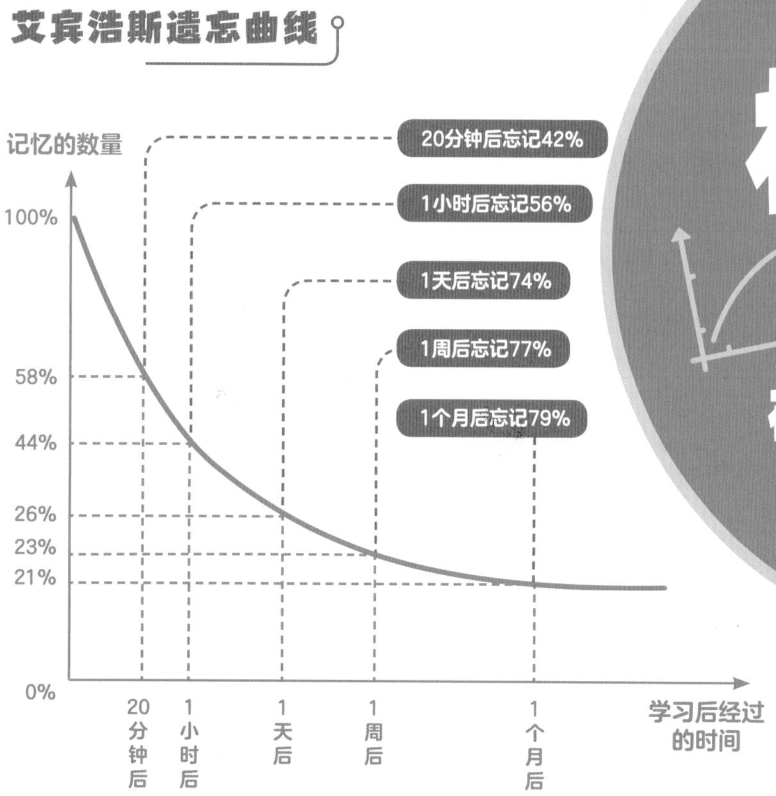

艾宾浩斯遗忘曲线

记忆的数量

- 20分钟后忘记42%
- 1小时后忘记56%
- 1天后忘记74%
- 1周后忘记77%
- 1个月后忘记79%

100%
58%
44%
26%
23%
21%
0%

20分钟后　1小时后　1天后　1周后　1个月后　学习后经过的时间

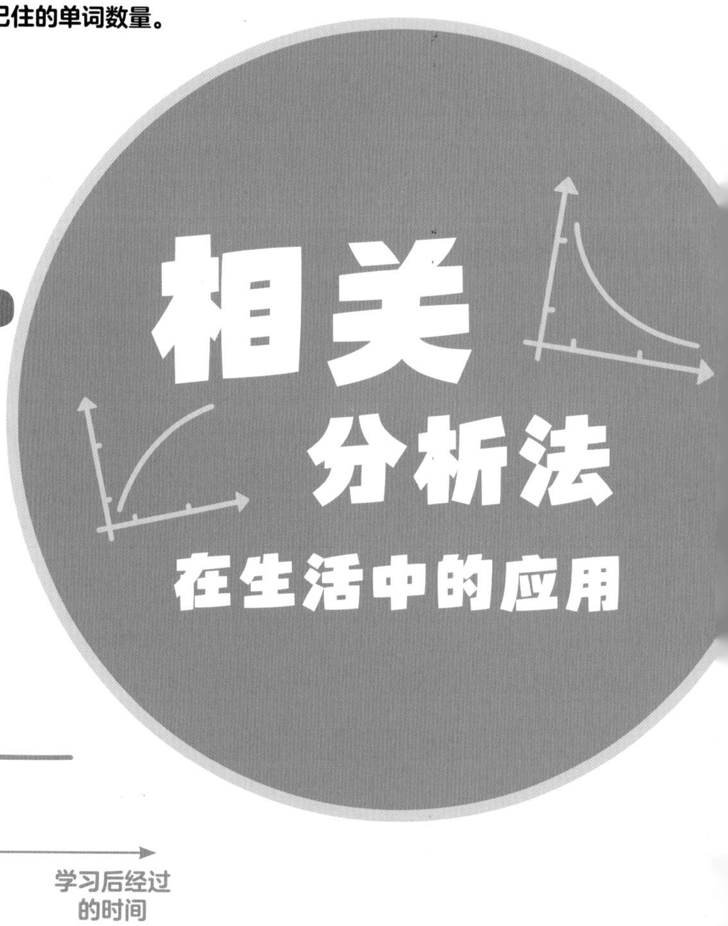

相关分析法
在生活中的应用

图中竖轴表示学习中记住的知识数量，横轴表示时间，曲线表示记忆量变化的规律。
这条曲线揭示了遗忘的规律：时间越长，记忆单词的数量越少。

让水果更甜

火龙果是一种喜光植物，如果种植环境光照弱，会影响火龙果的生长。此时，就需要用植物补光灯进行补光。
可是，究竟要补光多长时间，才能让火龙果甜度达到20呢？

我们可以用相关分析法找到答案。

收集不同光照时长的火龙果，检测甜度数据，并绘制散点图

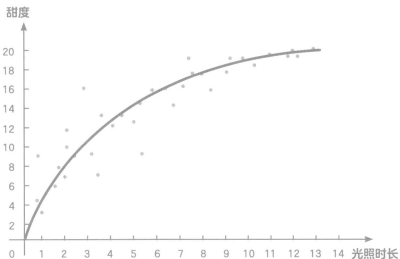

由散点图可见，光照时长与火龙果甜度成正相关关系，光照时长越长，甜度也越高。

在光照14个小时之后，果实甜度到达20，这时，即使光照时间持续增加，甜度依然没有明显改变。

所以，保证每天14个小时的光照，就可以让甜度达到20啦！